親子點心

與孩子開心下廚的魔法點心書

幸福食光

久保田惠美　著

瑞昇文化

2

前言

您好。非常感謝您購買「親子點心」這本書。

自從開始舉辦「親子烹飪」（食育講座）的活動，已經過了8年。主要是辦在東京都內的兒童館或是育兒支援中心一類的地方，介紹不用火也能製作的簡單點心，藉著大家一起製作，共享「開心！」、「好吃！」的感覺。

所謂的親子點心，就是指「親子一起盡情享受製作點心」一事。

親子點心的菜單，皆是以能用家中擁有的食材來做變化、只要想做隨時都能製作為基礎。而最重要的，還是希望能夠盡情、熱鬧地享受「製作的過程」。以這樣的想法為出發點，提出一系列易於一同享樂的食譜。

從只要捏成一團的簡單點心、倒進牛奶盒模具裡再冷卻凝固的點心，一直到需要花點時間製作的紀念日用點心，在本書中刊載了共39道點心。

請不要在意外觀或味道方面的精美度，務必試著親子一起共享「製作的樂趣」才是本書的初衷。就算稍微出點差錯，也一定要完成屬於小朋友自己的特色點心。當點心出爐時大家的互相稱讚，也是一種小小的樂趣呢♪

希望能讓家中充滿笑容……

料理家・食育顧問
久保田惠美

CONTENTS

只要○○！簡單的點心 13

用自由的創意來製作！玩遊戲點心 31

Chapter 3 用牛奶盒製作！脫模點心 43

在閱讀本書之前

· 微波爐的加熱時間，是以500W為基準。

· 使用蜂蜜、黑糖（黑砂糖）有可能會導致嬰兒肉毒桿菌中毒，請不要給未滿1歲的嬰兒食用。

· 為了盡情享受「親子點心」，用菜刀切的作業基本上請由大人進行。觀察小朋友手的靈巧程度，以「就著大人握著菜刀的手→感受一起切食材的氣氛→讓小朋友碰碰菜刀刀柄→讓小朋友稍稍出點力」的形式來慢慢練習。

· 關於材料欄的分量寫法：「1撮」是指小朋友用2根手指來計量時的量。

· 關於材料：菜籽油可以用鮮度佳的沙拉油代替。

～ 先準備好會很方便！推薦食材 ～

「親子點心」基本上是不必特地去購買材料，利用家中既有的材料就能輕鬆製作的點心。在這邊作為讓親子烹飪日常化的「提示」，介紹一些只要預先準備好就會非常方便的食材。

南瓜、胡蘿蔔、番薯

用蔬菜的甜味來取代砂糖的點心可以攝取到營養，最適合處於成長階段中的小孩子。非常推薦在蔬菜中有著強烈甜味的「南瓜、胡蘿蔔、番薯」。胡蘿蔔磨成泥，南瓜與番薯則是用微波爐加熱後再使用。

原味優格（左）、豆漿（右）

於p.15介紹的「優格鮮奶油」非常受小朋友們的歡迎。只要把無糖的原味優格去水約4個小時就完成了！可以用來取代鮮奶油，襯托出蛋糕的滋味。豆漿則是當成鮮奶的替代品，此外，也能活用於增添味道上的濃郁。

香蕉、草莓

和蔬菜一樣，運用水果的甜味來取代砂糖也是「親子點心」的重點。特別是香蕉、草莓非常方便。如果使用長出甜蜜點（黑色斑點）的香蕉，就算是用小孩子的力氣也可以輕鬆壓爛。使用草莓製成的甜點，在盛產期、正好吃的時候請務必試試。

菜籽油

個人持續10年以上愛用的是京都山中油店的「壓榨菜籽油」。在各種油類中，帶有清爽感的菜籽油相當推薦用於點心製作上。成分則是與橄欖油一樣有著豐富的油酸。除了菜籽油之外，我最近也很喜歡山中油店的「玉米油」（原料：100%玉米胚芽）。

蜂蜜（左）、甜菜糖（中間）、煉乳（右）

本書採用的是以甜菜（beet）為原料的「甜菜糖」。含有豐富的寡醣成分，帶有溫潤的甜味。「蜂蜜」有著濃厚的甜味，而以生乳為原料的「煉乳」則會讓味道變得更加濃郁。此外，如果使用液態的材料，就算是用小朋友的力氣也可以輕鬆攪拌。

鬆餅粉（左）、米穀粉（右）

就算加入的水量多少有點不同，鬆餅粉仍會漂亮地膨脹起來。不會失敗這點是它最大的魅力。米穀粉除了比麵粉對身體更好之外，也是種能讓人享受到嚼勁的食材。相當推薦用來製作鬆餅和鮮奶油。

★推薦使用的「器具（便利商品）」刊載於p.92－93。

～ 家長的協助方式 ～

家長的協助方式並沒有標準答案，只要能與小朋友一起烹飪並感到「真是開心」，共享雀躍的情緒那就算成功了！這裡則要來介紹以「幫忙」的感覺來享受基本作業的情景。

攪拌

當小朋友可以自己握好叉子或湯匙時，請務必讓他自己一個人攪拌。家長則負責固定住盆子。如果還無法一個人握住時，就請爸爸或媽媽握住孩子的手一起攪拌吧。

磨成泥

磨成泥的工作很受小朋友歡迎，但是大人要確實抓好磨泥器，小心不要讓孩子受傷。為了提升小朋友「想做」的情緒，建議使用底部為橡膠材質、不會滑動的類型，或者是輕鬆施力就能磨成泥的種類。

壓爛

請觀察小朋友的握力，如果沒辦法一個人壓爛時，就一起握住叉子來把它壓爛。先「讓他一個人嘗試」，這點非常重要。仔細確認能夠做到哪種程度的作業後，再來協助他做不到的部分吧。

計量

也請享受同為點心製作過程的「材料計量」吧！用大匙、小匙來進行的計量，則先將液體裝入杯子之類的容器裡，再以湯匙撈起來。一起來觀察看看表面張力（表面渾圓、幾乎要溢出來的狀態）吧。

揉圓

「揉成圓形」的工作就算沒有辦法捏得「很圓」，也請多多給予讚美。一開始先由家長親自示範該如何揉圓吧。一邊談論麵團的觸感以及顏色、香味等各式各樣的感覺，一邊揉圓的話樂趣就會加倍。

用火

「煮」、「煎」等用火的作業情形必須要特別注意。「碰到這裡的話會很燙喔」，像這樣一邊提醒會有燙傷或受傷的危險，一邊配合小朋友的發育情形來協助他吧！

★本書中要用到「菜刀」的工作，基本上都是由家長來進行。配合小朋友的年齡與雙手靈巧的程度，來漸漸擴展幫忙的範圍吧！

～ 製作點心與「做手工藝」一樣！ ～

本書介紹的點心製作，非常重視小朋友們的「自由創意」。做成喜歡的模樣，或是用喜歡的食材去做裝飾……。「只要放手去做就好囉」，就像在白紙上作畫般的感覺來盡情享受吧！

做出形狀

就像「南瓜御手洗糰子」（p.34）一樣，當麵團柔軟時，就可以輕易做出各種不同的形狀。「動物鬆餅」（p.38）也是在平底鍋上，自由地倒入麵糊來做出形狀的唷！

裝飾

「親子點心」的最後階段大多都是裝飾作業。在「動物鬆餅」（p.38）中，是擺上葡萄乾或草莓做裝飾，當成動物的眼睛或嘴巴。「哇，你好厲害！」、「好可愛！」等，爸爸和媽媽肯定會像這樣發出讚嘆聲的。

捏製

飯糰可以普通地捏過，也可以運用保鮮膜做成球狀或是棒狀（照片上的則是捏成了心形！），親子一起奮力捏出喜歡的模樣！若是情緒高漲起來，食慾也會跟著湧現。壓碎玉米脆片（p.27）或捏爛橘子（p.91），也是一類似「捏」的工作呢。

作畫

雖然是很經典的作法，不過「用番茄醬作畫」的工作也非常炒熱氣氛。在小朋友月齡尚低的情況下，就算只讓他碰碰番茄醬的容器也OK。可以一個人畫畫時，就讓他連家人的份也一起畫吧！除了「開心」之外，「幫上忙了」的感覺也會帶來笑容。

～ 即使是嬰兒也可以享受！ ～

就算只有觸碰材料，也能實際體驗！

我注意到有許多家長，從小朋友的雙手還不是很靈巧的嬰兒期，就前來參加親子烹飪（食育講座）了。光是碰一碰材料，並在一旁看著媽媽和爸爸進行烹飪，就已經是段非常充實的時光。看著參加者們讓我實際感受到，可以從嬰兒時期起就親子一同體會「食」的色、香、樂趣以及那份不可思議等，是件非常美好的事。

「親子點心」也能應用於離乳食品。

親子點心是從「希望讓不同年齡的小朋友們都能體會到『好吃』」的心情為出發點，因此有許多減低甜度或是做得軟一些，適合低月齡的點心。

例如在製作「豆漿白芝麻布丁」（p.20）時，也介紹了不使用黑糖和白芝麻，而是以豆漿為基底加入香蕉和黃豆粉的形式來當成離乳食品（約9～11個月大時）。「米穀粉燒」（p.56）也作為手抓食品而大獲好評。另外在食育講座中最受歡迎的「番薯優格開心蛋糕」（p.44），就算是1歲前後的小嬰兒也可以開心享用。「周歲生日時，很推薦這道使用優格奶油製成的手工蛋糕」，經常會像這樣介紹。

在我們家，兒子1歲生日時就曾經用「彩色高塔蛋糕」（p.72）的訣竅製作過了。除了番薯泥之外，還放上了當時兒子很喜歡的馬鈴薯泥把煮過的胡蘿蔔切成「1」的形狀，恰到好處地裝飾在上面⋯⋯。有過這種以蔬菜製作蛋糕的記憶。

在小朋友的嬰兒時期，請務必活用蔬菜和水果的甜味。「優格燒」（p.58）就是我在兒子（當時9個月大）似乎有點便秘時想出來的一道菜。不加蜂蜜只運用香蕉的甜味，就讓他大吃特吃了一番。絕大多數的親子點心材料都能夠替換。請務必試著運用乳兒期小朋友也能吃的材料，找出小朋友喜歡的味道吧！

※因為嬰兒有肉毒桿菌中毒的風險，所以請不要給未滿1歲的小朋友食用「蜂蜜」、「黑糖（黑砂糖）」。

只要用牛奶盒就可以簡單做出製作點心時不可或缺的「模具」。以做手工藝的感覺來享受吧！

需要準備的東西‧‧‧‧‧‧‧‧ 3樣

- ‧牛奶盒（打開並確實乾燥）
- ‧剪刀
- ‧紙膠帶

方形模具 （用於p.44）

1 用剪刀剪下牛奶盒的底部。

2 依照要製作的點心大小裁剪形狀。
（例：p.44的情況：2.5cm寬）

3 讓兩端重合，再用紙膠帶固定就完成了！

> 如果把膠帶的一端摺起2～3mm，就可以很輕易地撕下來！

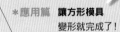

＊應用篇 **讓方形模具**
變形就完成了！

心形模具 （用於p.50／4cm寬）

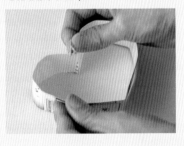

菱形模具 （用於p.52／3cm寬）

磅蛋糕模具 （用於p.46～49、p.74）

1　如照片所示，剪去一片旁邊的部分。

2　將牛奶盒開口側的兩處剪開。

3　將開口的部分疊起來，並在兩邊貼上紙膠帶暫時固定住。

4　橫向貼上膠帶使其更穩固。

5　另一邊也進行同樣的作業。把底面立起來與兩側對齊，用紙膠帶暫時將四個角固定住。並在縱向的兩處貼上紙膠帶。

模具完成！

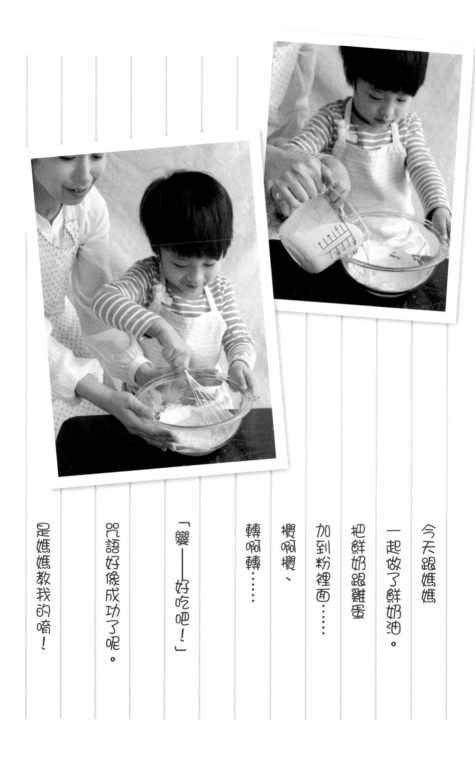

今天跟媽媽

一起做了鮮奶油。

把鮮奶跟雞蛋

加到粉裡面⋯⋯

攪啊攪、

轉啊轉⋯⋯

「變——好吃吧！」

咒語好像成功了呢。

是媽媽教我的唷！

Chapter

1

只要○○！
簡單的點心

只要攪拌、只要壓爛、只要捏圓、只要捲起
來……。這邊要來介紹就算是指尖還不靈巧
的小小孩也可以開心享受的點心。都是些就
算分量稍微有點出入也不容易失敗的點心。
首先就從觸碰食材的感覺開始，親子一同來
享樂吧！

草莓奶凍

只要將吉利丁加進使用了新鮮草莓的手工「草莓牛奶」裡再冷卻就好！若是再附上去水的優格鮮奶油，就會變成一道有些時髦的點心。

材料 3人份

吉利丁（粉）… 5g
水 … 2大匙
草莓（中）… 8顆（約100g）
鮮奶 … 200ml
蜂蜜 … 1大匙
優格鮮奶油※ … 60g
喜歡的水果（草莓、香蕉等）… 適量

※ 優格鮮奶油的作法
（去水優格）

1 在疊有濾網的盆子上鋪2張烹飪紙巾※1後倒入優格。[a]

2 小心地用紙巾將優格包起來。[b]

3 包上兩層保鮮膜[c]，就這樣直接放進冷藏庫4個小時以上。

＊完成之後就會像打發的鮮奶油一樣變成滑潤的狀態。[d]

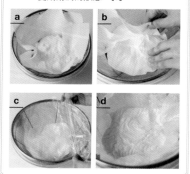

作法

1 在耐熱容器裡加水，撒入吉利丁稍微攪拌。

2 草莓對半縱切。用叉子壓爛成糊狀。[a]

3 將鮮奶、蜂蜜加進**2**裡攪拌。

4 將**1**放入微波爐加熱20秒變成液狀，再加進**3**裡攪拌。

5 倒進玻璃杯裡[b]，放入冷藏庫30分鐘以上冷卻、凝固。添加優格鮮奶油及個人喜歡的水果。

Point

· 就算不用果汁機之類的器具也可以簡單地把草莓壓爛。請務必讓小朋友來負責壓爛的工作。建議不要完全壓成糊狀，而是稍微留有一點草莓塊的程度。

· 微波爐的加熱基本上都是用「500w」。食譜裡的每一頁皆是如此。

※1：這裡的烹飪紙巾是指材質為不織布的一種廚房紙巾。

米穀粉卡士達的私家百匯

這道點心在我舉行「親子烹飪」的兒童館中，非常受到小朋友和媽媽們的歡迎！採用米穀粉的卡士達奶油，比用麵粉製的來得更甜，黏糊的口感也讓人非常享受！自由堆疊食材，製作出「自己獨特的百匯」吧！

材料 4人份

吐司（8片切）… 2片
喜歡的水果（草莓、香蕉、黃桃等）… 適量

【米穀粉卡士達奶油】
米穀粉… 2大匙
甜菜糖… 2小匙
雞蛋… 1顆
鮮奶… 200ml

作法

1 用手撕掉吐司邊，並把白色的部分撕成喜歡的大小。[a]

2 製作米穀粉卡士達奶油。將米穀粉、甜菜糖放入耐熱盆裡攪拌。

3 在鮮奶裡加入雞蛋攪打成蛋液後，取一半的量加入盆中，並用叉子攪拌[b]。再加入剩下的蛋液仔細攪拌。

4 鋪上保鮮膜用微波爐加熱2分鐘，用叉子攪拌[c]。再加熱1分鐘，用叉子攪拌。最後再加熱30秒並用刮刀仔細攪拌過[d]。裝進其他容器裡放涼。　　　　　　*微波爐加熱全都蓋有保鮮膜

5 將**4**的鮮奶油倒進杯子底部，並擺上**1**。以吐司→水果→鮮奶油的順序疊起來後，在上方用水果當擺飾。

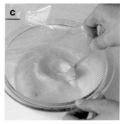

Point

· 也請好好地享受撕吐司的工作。當吐司有剩時，像沾醬一樣沾鮮奶油來吃也非常美味。

· 也可以調整加至鮮奶油裡的甜菜糖量，來配合您和家人個別的喜好！

黑糖香蕉三明治

吐司摺半後再用叉子闔起來就好！烤出帶有焦黃色、香酥可口的熱三明治。餡料則請夾入家人喜歡的食材，享受各式各樣的滋味。

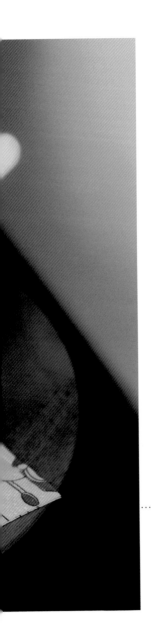

材料 3個分

吐司（8片切）… 3片
香蕉… 1小根（約60g）
黑糖… 1小匙
　　　　　　＊依香蕉的甜度調整
打散的蛋… 1顆量

作法

1 吐司切去吐司邊。不鋪保鮮膜，放入微波爐加熱約20秒變軟。

2 香蕉切成5mm的塊狀並放入盆子裡，加入黑糖攪拌。

3 在吐司的中間擺上**2**，並把打散的蛋液塗在吐司四周。[a]

4 把**3**對摺，用叉子用力壓住吐司的邊緣[b]。用平底鍋（或者是烤箱等）煎成金黃色。

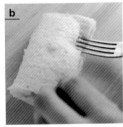

Point

• 讓小朋友負責「塗蛋汁」、「用叉子壓」之類的工作吧。
• 加黑糖會襯托出香蕉的甜味。如果加太多會變得太甜，所以黑糖的量要適度。對於未滿1歲的小孩子，請務必節制黑糖（黑砂糖）的使用。
• 依個人喜好，添加優格鮮奶油（參照p.15）也非常好吃。

豆漿白芝麻布丁

在離乳食講座（9～11個月大）中也有介紹到原味的豆漿布丁。這次則是試著加入「白芝麻」來添加濃郁的滋味。只要在豆漿裡加入太白粉再用微波爐加熱即可！最適合感冒或是腸胃狀況不好的時候。

材料 4人份

豆漿 … 200ml
太白粉 … 4小匙
白芝麻 … 2小匙
黑糖（粉末）… 適量
　　　＊未滿1歲時要節制

作法

1 將豆漿倒入耐熱盆裡，用濾茶網篩入太白粉 [a]。用打蛋器仔細攪拌。

2 不鋪保鮮膜，放入微波爐加熱1分半鐘，用打蛋器仔細攪動，拌勻整體。接著以50秒→40秒→30秒分次放入微波爐加熱，並且每次都仔細攪拌過，增加濃稠度。

3 將白芝麻加入2裡仔細攪拌 [b]。裝進容器裡並撒上黑糖。

黏～糊糊！
看起來像鮮奶油一樣，好像很好吃！

Point

· 加熱後還不夠稠時，以10秒為單位再次加熱。
· 由於太白粉容易結塊，因此「迅速攪拌」非常重要。有如拌勻整體般用打蛋器來混合。雖然也會有在加熱過程中底部結塊的情況，但只要確實攪拌過後再加熱，就會變得很滑潤。若在最後階段還留有結塊的太白粉時，就把它去除吧！

層層捲 ～豆漿黃豆粉鮮奶油～

不可思議地，很像巧克力的風味，讓人心情愉快的「豆漿黃豆粉鮮奶油」。加入菠菜的麵糊也是製作的重點！做成糖果包裝的模樣再綁上緞帶的話，最適合用來當成送給朋友或家人的禮物。

材料 5條量（寬度約9cm）

鬆餅粉 … 200g
鮮奶（或是水）… 130ml
菠菜（煮過之後切末）… 2大匙

【豆漿黃豆粉鮮奶油】
豆漿 … 100ml
太白粉 … 2小匙

A | 黃豆粉 … 2小匙
  | 甜菜糖 … 1/2大匙

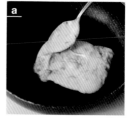

作法

1 將鬆餅粉與鮮奶放入盆子裡攪拌。再加入菠菜攪拌。

2 將1倒入平底鍋讓它變成長方形，並把兩面煎過[a]。擺到盤子上，去除餘熱。

3 製作豆漿黃豆粉鮮奶油。將豆漿倒入耐熱容器裡，用濾茶網一邊過濾一邊加入太白粉。用打蛋器仔細攪拌。不鋪保鮮膜，放入微波爐1分鐘，再用打蛋器仔細攪拌。接著再放入微波爐30秒，像要拌開一樣攪動來讓它變稠（參照p.21）。再加入A的材料攪拌。

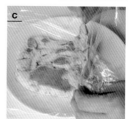

4 將2放在保鮮膜上並擺上3[b]。從前往後捲，捲成糖果包裝的模樣，再用緞帶將兩端綁起來。[c][d]

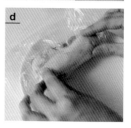

Point

· 鮮奶油加熱後還是不夠稠時，以10秒為單位再加熱吧。
· 擺上豆漿黃豆粉鮮奶油並捲起來的工作，請讓小朋友負責吧！另外，當還是有點困難時則稍微幫忙一下，一起感受一下氣氛也不錯呢。

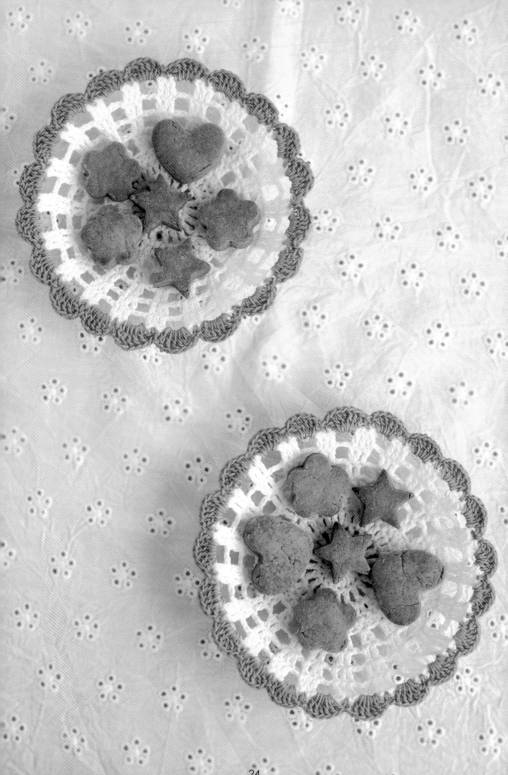

豆漿黃豆粉餅乾

只要攪拌好麵團就好，非常簡單！這是種不含鮮奶、雞蛋，對身體非常溫和的餅乾。依照小朋友的月齡，就算只是「碰碰麵團」、「捏成一團」也會非常開心！還可以享受在嘴裡慢慢散開的口感。

材料 約35個量（使用大小約2.5cm的模具） **作法**

A │ 低筋麵粉… 50g
　　│ 黃豆粉… 50g
　　│ 甜菜糖… 2又1/2大匙
＊混合好後篩過

B │ 菜籽油… 2大匙
　　│ 豆漿… 2又1/2大匙

1 按順序把 **A**、**B** 的材料倒入盆子中攪拌，讓它變成一整塊。

2 將 **1** 薄薄地延展開後，用模具挖出造型 [a]。或者是將它捏成一團後，再用手指壓平 [b]。

3 用170℃預熱好烤箱後，烤15～18分鐘。

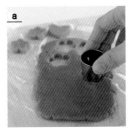
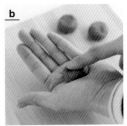

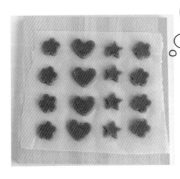

做出很多不同的造型了唷。變～美～味～吧～！

....

Point

・麵糊沒辦法弄成一團時，就加入少量的「豆漿」吧。
・用保鮮膜夾住麵團再來延展的話就不會弄髒手或器具，之後的整理就會非常簡單。延展的工作除了用擀麵棍之外，只要是圓筒狀的東西，不管什麼都OK（像是保鮮膜的芯等）。用家裡現有的東西來發揮創意吧！

圓滾滾薄片

以孩提時代在駄菓子屋[※2]吃到的「黃豆粉棒」為靈感的新作品。在類似黃豆粉
飴的懷念滋味中，加入脆片和堅果，做出讓人心情愉快的酥脆口感。捏成一團
後再用冷凍庫將它凝固的話，就會比較容易沾上黃豆粉唷。

材料 直徑2cm約10個量

喜歡的堅果（杏仁果、榛果等等）… 10g
玉米脆片（不甜的種類）… 20g
蜂蜜 … 1大匙
黃豆粉 … 適量

作法

1 用菜刀把堅果切細碎。

2 把玉米脆片放入較厚的塑膠袋裡，像用手按摩一樣把
它捏細碎。[a]

3 將**2**的玉米脆片裝進盆子裡，加入蜂蜜仔細攪拌。

4 將1茶匙量的**3**擺在保鮮膜上。做成糖果包裝的模樣並
將它捏成一團[b]，放入冷凍庫讓它冷卻、凝固。

5 取下保鮮膜[c]，將它沾滿黃豆粉。[d]

6 再次放入冷凍庫將它冷卻、凝固。

Point

• 堅果基本上請由大人來切。由於要留住堅果的口感，因此不要將它切成末，以大塊大塊的切法為最
佳。大致上為2～3mm的大小。

• 因月齡或過敏而希望控制堅果的用量時，以葡萄乾一類的乾燥水果來代替也會很好吃。

※2：又稱為粗點心鋪。駄菓子之名是相對於高級的和菓子而來，是庶民的零食，有點類似台灣的古早味點心。

白玉芝麻糰子

以中華點心為印象設計出來的。活用了番薯的甜味，做出「不油炸」的芝麻糰子。充滿了「捏成一團」、「用叉子一圈圈滾動它」等可以讓親子享受的樂趣。

材料 約12顆量

番薯 … 60g
糯米粉 … 100g
甜菜糖 … 1大匙
溫水 … 90g
白芝麻 … 適量

作法

1 番薯剝皮之後切成5mm塊狀。泡水之後裝進耐熱容器裡，放入微波爐約2分鐘。

2 將**1**、糯米粉與甜菜糖放入盆子裡，邊慢慢加入少量的溫水邊攪拌[a]。

3 當**2**變成一整塊之後，將它分成10等分並捏成一團。

4 在鍋裡把水煮開，放入**3**。當它浮起來後等約40秒，再浸泡冷水。

5 移到篩子上確實去除水分。沾滿白芝麻。[b]

Point

· 將溫水倒入糯米粉時，要「慢慢地、一點一點地」加進去。大致上是「約為耳垂的硬度」。親子一邊互相搓揉耳垂的同時，一邊調整硬度也非常開心。

· 家長負責「倒入溫水」的角色，小朋友則是「攪拌麵糊」的角色，像這樣分配工作的話，製作起來就會更輕鬆吧！

今天

做了動物鬆餅。

眼睛是葡萄乾。嘴巴是草莓。

不管哪一種都是我喜歡的東西！

嗯—，接下來要黏在哪裡好呢…

要黏這裡呢～

還是黏那裡呢～

雖然很傷腦筋，但還是很開心。

Chapter

2

用自由的創意來製作！
玩遊戲點心

製作點心與「玩遊戲」非常類似。試著用食
材黏出眼睛或嘴巴，或是嘗試製作出動物造
型的糰子等等⋯⋯。
這些就像是做手工藝的時間一樣。毫無疑問
的，會因為小朋友們的想像力和創造力而大
吃一驚！

番薯茶巾絞[※3]

用番薯皮來加上眼睛和嘴巴的話，可愛的親子就完成了。讓爸爸、媽媽用剪刀把剩下的皮剪成小塊後，與小朋友一起玩樂做手工藝。在全家人齊聚一堂的休息日，務必要來嘗試看看！

材料 方便製作的分量

番薯…1條（約300g）
煉乳…1又1/2大匙
鮮奶…1大匙

作法

1 番薯剁皮切成圓片（約3cm寬），泡水約5分鐘[a]。帶著水分直接擺進耐熱盤裡，鋪上保鮮膜，放進微波爐加熱約4分鐘。

2 把1的番薯放進盆子裡並用叉子壓爛[b]。加入煉乳、鮮奶一起攪拌。

3 把2擺在保鮮膜上，將它像糖果一樣緊緊地包起來[c]。剩下的番薯皮在細切之後，貼在茶巾絞的表面上畫出臉來。[d]

Point

• 訣竅是少量少量地加入煉乳和鮮奶。請依據番薯的硬度和甜度來調整加入的量。

• 將番薯皮仔細清洗，再用烤箱或烤網等將它迅速烤過之後就可以直接食用。（使用「生的皮」時，就先把眼睛、嘴巴拿掉之後再來享用茶巾絞吧）

※3：茶巾絞（或是直接稱為茶巾）是用茶布將食材包起來後旋轉茶布，在食材上弄出紋路的一種點心做法。

南瓜御手洗糰子 ^{※4}

拌入南瓜後，煮成橙黃色的糰子。不可思議地，可以像玩黏土一樣做出自己喜歡的形狀。再塗上手作的糰子醬料的話，充滿特別感的「和風點心」就完成了。

材料 6～7顆量

南瓜… 40g
糯米粉… 80g
溫水… 70ml

A | 醬油… 1小匙
味醂… 2小匙
甜菜糖… 1/2小匙
太白粉… 1/2小匙
水… 1小匙

作法

1 製作醬料。把**A**的材料放入耐熱容器裡攪拌。不鋪保鮮膜放入微波爐約30秒後，再仔細攪拌。

2 南瓜切成約4cm大後削皮並用水洗過。帶著水分直接放入耐熱容器並鋪上保鮮膜，放入微波爐1分半鐘。

3 把**2**的南瓜裝進盆子裡，用叉子壓爛壓成泥狀。[a]

4 將糯米粉加入**3**的南瓜裡攪拌。在少量少量地加入溫水的同時攪拌，讓它變成一整塊。

5 把**4**撕開，做成各式各樣的形狀。[b]

6 在鍋裡把水煮開，放入**5**。當它浮起來後等約40秒，再浸泡冷水。

7 稍微去除水分後裝到盤子上，並把**1**的醬料塗在表面上。

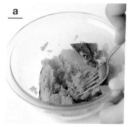
a

b

麵包超人的臉好難做啊…

Point

· 麵團的硬度大致以「耳垂」為基準。當太硬時，就一滴一滴地加入溫水來調整吧。如果太軟就會做不出形狀來，所以理想是「像黏土一樣」可以玩樂的硬度。

· 使用胡蘿蔔汁取代溫水的話就會變成橘色的麵團，若是使用番茄汁的話，就會變成紅色的麵團。製作出五顏六色的糰子也很愉快唷。

※4：又被稱為烤糰子或是醬油糰子。

胡蘿蔔魩仔魚飯糰

這是我家的經典飯糰。並非「點心＝甜食」，連白飯也一併活用，
將它當成補充食品（補充不足的營養）吧！
胡蘿蔔的甜味與魩仔魚的鹹味非常搭喔。

材料 5～6個量

胡蘿蔔⋯ 1/4根（約30g）
魩仔魚⋯ 3大匙（約20g）
油⋯ 少許
白飯⋯ 小朋友的碗2碗量（約200g）

作法

1 將胡蘿蔔磨成泥。

2 在平底鍋裡倒入一層薄薄的油，把1的胡蘿蔔泥炒過 [a]。稍微炒去一點水分後加入魩仔魚，再將它炒到霹靂啪啦地爆開。[b]

3 將2加進白飯裡攪拌。[c]

4 依喜好的量將3擺到保鮮膜上，捏成喜歡的形狀。[d]

Point

- 製作多一點炒胡蘿蔔和魩仔魚的話，可以當成常備的配飯香鬆，非常方便。很推薦用來當成忙碌的一早或消夜時白飯的配菜。大致的保存期間，冷藏的話約2天，冷凍則是約2週。
- 當作成人用的點心稍嫌鹹味不夠時，將它捏好之後再撒上少量的鹽吧。
- 若是連著保鮮膜一起放進便當盒裡，也能夠當做外出的輕食，相當方便唷。

我做的大象感覺
長得好像「小狗」
喔ー！！

動物鬆餅

蔬菜的甜味與米穀粉的Q彈感是它的特色。

父母：「今天做什麼動物好啊？」，小朋友：「兔子跟大象！」，這是屬於我家的暗號。製作各式各樣的動物，並用喜歡的食材來做出造型吧！

材料 5～6片量

A｜鬆餅粉 ⋯ 100g
米穀粉 ⋯ 40g
鮮奶（或是水）⋯ 120ml

胡蘿蔔 ⋯ 40g（約1/3根）
南瓜 ⋯ 50g
喜歡的配料（葡萄乾、草莓
等）⋯ 適量

作法

1 把**A**的材料放入盆子裡仔細攪拌。

2 將胡蘿蔔磨成泥。南瓜用微波爐加熱1分半鐘後，再用叉子壓成糊狀。

3 把**1**的麵糊分成2等分，並分別加入**2**攪拌。[a]

4 用湯匙把**3**倒進平底鍋做成動物的形狀[b]。把兩面煎過。

5 裝到盤子裡，用喜歡的配料貼出眼睛和嘴巴。

a

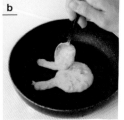
b

做好蝦子雙胞胎了一！！

Point

· 對於低月齡的小朋友，減少鬆餅粉多加一點米穀粉的話甜味就會比較和緩，變成對身體更為溫和的點心。

· 依喜好加入雞蛋的話，就能做出更加蓬鬆的餅皮。

彩繪歐姆蛋吐司

把歐姆蛋放到吐司上的人氣吐司點心。可以攝取到雞蛋的蛋白質、胡蘿蔔中的維他命，也非常推薦當成早餐。如果在食育講座中與小朋友一起製作的話，就會誕生出非常多充滿個性的畫作。

材料 3人份

吐司（6片切／10cm方形）… 3片
胡蘿蔔… 40g（約1/3根）
雞蛋… 2顆
鮮奶… 2小匙
油、番茄醬… 各適量

作法

1 用菜刀的刀刃沿著吐司邊切開，取出白色的部分[a]。將胡蘿蔔磨成泥，並用少量油迅速炒過。

2 把雞蛋與鮮奶倒入容器裡攪拌。再加入**1**的胡蘿蔔攪拌。

3 將油（約1/2小匙的程度）倒入平底鍋並開火。當平底鍋變熱之後，放入吐司邊並倒入1/3量的**2**。[b]

4 當雞蛋變成半熟狀之後，放上吐司的白色部分輕輕按壓[c][d]。烤出焦黃色後翻面，並把背面也煎到變色。其他的吐司也同樣作法。

5 裝到盤子上，用番茄醬畫出喜歡的模樣。

Point

• 在雞蛋呈半熟狀的時候放上吐司白色部分的話，蛋汁就會起到黏著劑的作用，很容易就能緊貼合。

• 照片中是使用稍微小一點的10cm方形吐司。若是用一般尺寸的吐司來製作時，比例為4片吐司比3顆雞蛋。

用牛奶盒做了蛋糕喔。

很厲害吧！

可是，還不能開動呢。

好想快點吃到啊～

嗯，嗯，

忍不住了！

啊嗯！

嘿嘿嘿～

用牛奶盒製作！
脫模點心

就是這些使用「牛奶盒模具」製作的點心，
在兒童館舉辦的親子烹飪中大受歡迎！
最受小朋友們喜愛的是「開心蛋糕」。
「開心蛋糕」是我家的經典點心。
用牛奶盒做成心形和菱形的點心也很值得一看！

從上往下看，
真的！真的是
四角形！

Point

・當番薯有點粉粉時，就加點鮮奶讓它變成滑潤的
　狀態。

・除了吐司之外，也可以用「鬆餅粉」和「海綿蛋
　糕的麵糊」來代替。

・想做出漂亮的正方形，要連模具的角落都確實塞
　滿吐司和番薯泥。

番薯優格開心蛋糕

在專為乳兒、幼兒的食育講座中人氣No.1的點心。就算不使用鮮奶油和海綿蛋糕的麵糊，也能做出稍微有點特別感的漂亮蛋糕。令人出乎意料，番薯與優格相當地搭，請務必品嚐看看。

材料 3個量（使用方形的牛奶盒模具：高2.5cm／參照p.10）

吐司（8片切）… 1片
番薯… 1/2條（約150g）

A | 煉乳… 2小匙
　　| 鮮奶… 1～2小匙

草莓果醬… 適量
優格鮮奶油※ … 80g（※ 作法／參照p.15）
喜歡的水果（黃桃、草莓、奇異果等等）… 適量

作法

1 白吐司切邊，把白色的部分切成約1cm的塊狀。
　＊吐司邊較軟時可不必切除

2 番薯剝皮後切圓片（約3cm寬），泡水約5分鐘。用微波爐加熱3～4分鐘讓它變軟。

3 把2的番薯移到盆子裡用叉子壓爛。加入A的材料攪拌。

4 把牛奶盒模具擺在盤子上，放入1將它鋪滿[a]。上面擺上3後，用湯匙一邊壓一邊將它弄平。[b]

5 在4上塗一層薄薄的草莓果醬後[c]，取下牛奶盒。[d]

6 在上面放上優格鮮奶油並鋪平，再用水果做裝飾。

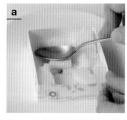

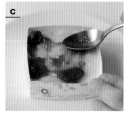
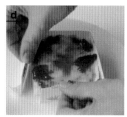

蓬鬆蘋果磅蛋糕

活用了蘋果的甜味來取代砂糖。在主打大人的料理教室中也非常受歡迎。藉由直接加入生蘋果，可以享受爽脆、恰到好處的口感。用微波爐只要「5分鐘」就能做好，也是它的魅力所在。

材料 牛奶盒模具1個量（參照p.11）

蘋果 … 1/3顆（約80g）

A｜鬆餅粉…200g
　｜雞蛋…1顆
　｜鮮奶…70ml
　｜油…1/2大匙
　｜蜂蜜…1/2大匙

作法

1. 蘋果帶皮直接切成5mm的塊狀。

2. 將A的材料放入盆子裡拌勻。

3. 將1的蘋果加進2裡仔細攪拌。[a]

4. 將3倒一半進牛奶盒模具裡，用刮刀抹平。[b]

5. 在模具中間貼上紙膠帶，鬆鬆地鋪上保鮮膜[c]。用微波爐加熱1分半鐘。

6. 把剩下的3倒在5上並用刮刀抹平。鋪上保鮮膜，用微波爐加熱3分半鐘。

7. 就這樣蓋著保鮮膜暫時放置一會，冷卻到不會燙傷的程度後拆掉模具[d]。將它切成喜歡的厚度。

Point

・倒一半的量進模具裡時，只要用目測的就可以了。

・就算麵糊裡不加油也OK。如果加了就會變成蓬鬆的口感，不加則會做出緊緻的麵體。配合小朋友的月齡來改變油和蜂蜜的分量吧！

草莓香蕉磅蛋糕

加入壓爛的草莓就會變成粉紅色麵糊，放入香蕉就會變成黃色麵糊。疊上2層的麵糊用微波爐加熱一下，切開之後就能做成各種形狀的蛋糕，相當開心。

材料

牛奶盒模具1個量（參照p.11）

草莓 … 40g（中3顆）

香蕉 … 40g（約1/2根）

A	鬆餅粉…200g
	雞蛋…1顆
	鮮奶…70ml
	油…1/2大匙
	蜂蜜…1小匙

Point

・要把香蕉麵糊倒入模具裡時，依香蕉（固體狀）的攪拌情況不同，膨脹起來的方式也會不同。就算外觀以市售的蛋糕來看感覺是失敗了，但在「親子點心」中，可愛感是很重要的。「這個看起來像不像恐龍啊？」、「這個像鱷魚！」，請務必享受這類的親子對話。

作法

1 草莓對半縱切後放入盆子裡，用叉子壓爛。香蕉切得較大塊一些（1cm塊狀的程度）。

2 把A的材料放入盆子裡拌勻。

3 把一半的2加進放有壓爛草莓的1的盆子裡攪拌。[a] ＊草莓麵糊完成

4 將1的香蕉加進剩下的麵糊裡攪拌。 ＊香蕉麵糊完成

5 將3倒入牛奶盒模具裡，用刮刀抹平。

6 在模具中間貼上紙膠帶，鬆鬆地鋪上保鮮膜。用微波爐加熱1分半鐘。

7 在6中倒入4並用刮刀抹平[b]。鋪上保鮮膜，用微波爐加熱3分半鐘。

8 就這樣蓋著保鮮膜暫時放置一會兒，冷卻到不會燙傷的程度後拆掉模具。將它切成喜歡的厚度。

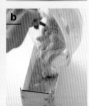

紅豆牛奶磅蛋糕

以刨冰為靈感，試著把紅豆與煉乳搭配起來。
每個人都熟悉、令人安心的和風滋味。切開後再冷凍起來保存會非常方便唷。

材料
牛奶盒模具1個量（參照p.11）

A | 鬆餅粉…200g
  | 雞蛋…1顆
  | 鮮奶…70ml
  | 油…1/2大匙
  | 煉乳…1小匙

煮紅豆（罐裝）…2大匙（約50g）

作法

1. 把**A**的材料放入盆子裡拌勻。[a]

2. 將煮紅豆放進**1**裡仔細攪拌。

3. 把一半的**2**倒入牛奶盒模具中，用刮刀抹平。

4. 在模具中間貼上紙膠帶 [b]，鬆鬆地鋪上保鮮膜。用微波爐加熱1分半鐘。

5. 將剩下的**2**倒在**4**上，用刮刀抹平。鋪上保鮮膜，用微波爐加熱3分半鐘。

6. 就這樣蓋著保鮮膜暫時放置一會，冷卻到不會燙傷的程度後拆掉模具。將它切成喜歡的厚度。

Point
- 如果放入太多煮紅豆會變得太甜。參考食譜內的分量，試著更改成自己喜歡的口感和甜味吧。
- 「1大匙＝15ml＝3小匙」，所以只要在計量時有大湯匙，就可以簡單製作出來囉。

♡的柳橙果凍

把牛奶盒模具弄成心形後製作出來的可愛柳橙果凍。只要用吉利丁把市售的100%果汁凝固即可！並且還加入了橘子的口感作為點綴。也請務必用自己喜歡的果汁來嘗試看看。

材料 2個量（使用心形的牛奶盒模具：高4cm／參照p.10）

水 … 2大匙
吉利丁（粉）… 5g
柳橙汁（100%果汁）… 200ml
蜂蜜 … 1小匙
橘子（罐頭）… 8〜10粒

作法

1 將水倒入耐熱容器後，撒入吉利丁稍微攪拌。當它整個泡漲之後，放入微波爐加熱20秒成液狀。

2 將柳橙汁倒入盆子裡，並加入1與蜂蜜仔細攪拌。

3 放入冷藏庫冷卻，讓它變成糊狀。[a]

4 在模具底部鋪滿橘子。[b]

5 將3倒在4的橘子上[c]。再次放入冷藏庫將它冷卻、凝固。（基準：2小時左右）

6 取下模具，放上櫻桃當裝飾。

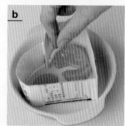

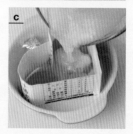

Point

・用捏圓的鋁箔紙一類的東西，固定住心形模具上方凹下去的部分。
・步驟3的冷卻時間約為30〜40分鐘。用湯匙攪拌時，變成黏稠有彈力的狀態就OK。以倒入模具時，不會從底部露出來的凝固度為基準。
・放入果凍的容器像p.51的照片一樣多少有點深度的話會比較好製作，也比較方便食用。

女兒節飯

把牛奶盒模具弄成菱形之後做成的飯類點心。這是試著以裝飾女兒節的3色菱餅為印象製作的。用胡蘿蔔做出橘色，菠菜做出綠色，再用雞蛋做出黃色。將它層層堆疊起來的工作，也會提升孩子們的雀躍之情。

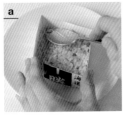

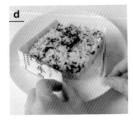

材料 2人份（使用菱形的牛奶盒模具：高3cm／參照p.10）

白飯⋯ 小朋友的碗2碗量（約200g）

A | 胡蘿蔔（磨成泥後炒過）⋯ 15g
味噌⋯ 1/4小匙
白芝麻⋯ 1/2小匙

B | 菠菜（鹽煮後切末）⋯1大匙
魩仔魚⋯15g

蛋⋯ 1顆
喜歡的蔬菜（煮過的胡蘿蔔或絹莢豌豆等）⋯ 適量
油⋯ 適量

作法

1 將蛋打散，並用鋪有薄薄一層油的平底鍋來製作炒蛋。

2 白飯分成2等分，各別放入不同的盆子裡。其中一個盆子加入**A**的材料後攪拌。

3 另一個盆子則是加入**B**的材料後攪拌。

4 將牛奶盒模具放在盤子上。放入**2**的一半，像擠壓一樣用湯匙將它壓平。[a]

5 將一半的**3**擺在**4**上，像擠壓一樣用湯匙將它壓平。[b][c]

6 取下模具[d]，並在上方用**1**與喜歡的蔬菜作裝飾。

Point
・菠菜與魩仔魚飯不夠鹹時，請再加少量的鹽。
・塞入白飯時如果壓得太過頭，白飯會容易變硬，所以要一邊看著小朋友出力的情況，一邊說著「非常棒喔！這樣就壓好囉一」等等出聲提醒就可以了。

今天是星期天。

跟爸爸、媽媽一起做了蔬菜脆片嘗。

我負責的是馬鈴薯！

做得很棒喔——

對了對了，這個脆片呀，

在微波爐裡叮——地一聲！

就做好了喔，

為什麼呢？為什麼？真不可思議～

Chapter

4

當成輕食也很受歡迎！
不甜的點心

以離乳食講座和親子烹飪中的經典「米穀粉燒」為首，介紹用沾醬、製成棒類等稍微帶點鹹味的點心。作為輕食或是給大人的小吃都很推薦。也有能用家裡多餘的材料製作的點心，請務必嘗試看看！

綠花椰菜玉米燒

可以感受到米穀粉的Q彈感與米的甜味，是種對身體很溫和的煎餅。
不用水而是用豆腐來做成麵糊的這點也是它的特色所在。豆腐可以補充蛋白質，
蔬菜則能補充維他命，因此也很推薦當成早餐或是輕食。

材料 直徑約14cm 1片量

絹豆腐 … 100g

米穀粉 … 50g

A｜綠花椰菜（鹽煮）… 40g（2小朵左右）
　｜玉米（罐頭）… 1大匙

鹽 … 少許

作法

1 豆腐用廚房紙巾稍微擦乾。

2 將**1**、**A**材料與米穀粉放入盆子，並加入一點點的鹽攪拌。[a]

3 將**2**倒入平底鍋，用湯匙將它推開成圓形[b]。

4 把**3**加熱，表面變乾之後翻面。蓋上蓋子乾煎。（基準：約1分鐘）[c]

5 當**4**去除掉餘熱後[d]，切成方便食用的大小。

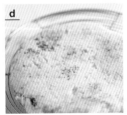

Point

· 依平底鍋種類的不同，當易發生沾黏時，就塗上很薄很薄的一層油再來煎。

· 也很推薦把玉米換成南瓜，用在未滿1歲「以手抓東西來吃」的時期。這種時候就不要加鹽，活用豆腐和南瓜的甜味吧。

· 餡料用喜歡的食材就OK！把番薯切塊後加進去也很好吃。

香蕉蜜棗乾
優格燒[※5]

以優格鮮奶油的酸味當點綴，並用香蕉和蜜棗乾的甜味來調和的原創煎餅。就算是不喜歡優格的小朋友，只要將它加進麵糊裡，就會變得比較容易入口。香蕉與蜜棗乾的組合，也有解除便秘的效果！

材料　直徑約14cm 1片量

A | 米穀粉 … 50g
　　 | 優格鮮奶油※ … 30g（※作法／參照p.15）
　　 | 鮮奶 … 2大匙
　　 | 蜂蜜 … 1小匙

蜜棗乾（無籽）… 3顆
香蕉 … 1/2根

作法

1　將**A**的材料放入盆子裡拌勻。[a]

2　蜜棗乾切細後，加進**1**裡攪拌。

3　將**2**倒入平底鍋弄成圓形[b]，擺上切好的香蕉。

4　把**3**加熱，表面變乾之後翻面。蓋上蓋子乾煎。
　（基準：1～2分鐘）

5　當**4**去除餘熱後放進盤子裡。

Point

・想要抑制酸味時，就減少優格鮮奶油並增加鮮奶與蜂蜜吧。就算水的量多少有點不同，還是可以煎得很漂亮。

・未滿1歲時就不要加蜂蜜，活用蜜棗乾和香蕉的甜味吧。

・在步驟1混合麵糊時，訣竅是要確實攪拌。藉由仔細攪拌，將優格鮮奶油均勻地拌開。

※5：這裡的蜜棗是用歐洲李製成的水果乾。

不油炸！蔬菜脆片

不須油炸，只須用微波爐加熱一下，既簡單又健康的脆片。不只是對不喜歡吃蔬菜的小朋友，就連對習慣較重口味的成人們，都會是一次注意到蔬菜甜味的機會也說不定。請試著不要撒鹽來品嚐看看吧。

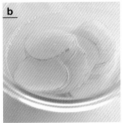

材料

馬鈴薯、蓮藕、南瓜⋯各適量

作法

1 不削皮直接用切片器切成約1mm的薄片[a]。泡水約2分鐘。[b]

2 在耐熱盤上鋪廚房紙巾，將**1**擦乾後擺上。[c]

3 不鋪保鮮膜，放進微波爐讓它去除水分。

＊加熱時間的基準（擺放在18cm的盤子上時）
　　南瓜／約3分鐘
　　馬鈴薯、蓮藕／約3分半鐘

可以看到什麼呢～？

Point

· 切片器容易滑手也容易受傷。基本上請由成人處理。
· 根據素材含水量的不同，也有比較難乾燥的情況。一邊觀察，一邊調節微波爐的加熱時間吧。
· 請務必品嚐看看剛出爐的「酥脆」口感！

酪梨沾醬
配棒狀麵包

只要將優格加入酪梨裡攪拌就好！非常綿密的沾醬。
若是使用熟透的酪梨，就能非常容易地將它壓爛，味道也會更加美味。
不只可用在點心時間，也非常適合做成人的下酒菜。

材料 2～3人份

吐司（6片切）… 1片
酪梨… 1顆
優格… 2大匙
檸檬汁… 少許
鹽… 少許

作法

1 吐司縱切成6等分。用平底鍋（或是烤箱等）煎成金
黃色。

2 酪梨去除種籽後切成大塊，放入盆子裡。用叉子將它
壓爛壓成糊狀。[a]

3 將優格加進2的酪梨糊裡攪拌。[b]

4 將檸檬汁、鹽加進3裡攪拌、調味。

是綠色的！
酪梨是什麼
味道啊？

Point

· 由於酪梨容易變色，要吃之前再來製作會比較好。加入檸檬汁也可以防止變色。
· 鹽的基準是用小朋友的手「抓2撮」的程度。最後再試試味道來進行調整。
· 當成肉類或魚類料理的沾醬也很好吃。

♡的米穀粉御好燒

在我家常備有用來取代麵粉的「米穀粉」。比起麵粉做的御好燒更有嚼勁，在嘴裡融化的口感也很滑潤。軟得連1歲前後的小朋友都可以食用！全家人聚在一起用電烤盤來煎也很不錯呢。

材料 5～6片量（約10cm大）

胡蘿蔔… 40g
高麗菜… 100g（約2片）
米穀粉… 100g

A｜水… 100ml
　｜雞蛋… 1顆
　｜甜菜糖… 1小匙
　｜鹽… 1撮

油、柴魚乾、醬汁… 各適量

作法

1 胡蘿蔔磨成泥[a]，高麗菜切絲。

2 將**1**、**A**的材料與米穀粉放入盆子裡仔細拌勻。[b]

3 在平底鍋裡塗上薄薄的油並加熱，將**2**倒成心形[c]。兩面都煎過之後裝進盤子裡，撒上柴魚片、醬汁。

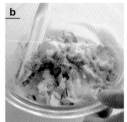
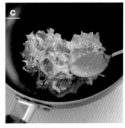

Point

· 也很推薦當成假日的午餐。只要製作多一點的麵糊，再準備幾種家人喜歡的配料，就可以享受各種不同的滋味。

· 平底鍋熱好之後再倒入麵糊，會比較容易做出各種形狀。小心燙傷。

· 也可以用麵粉來代替米穀粉使用。

南瓜棒

「剩下的餛飩皮該怎麼辦呢？」，在這種時候想推薦您一道點心。不用油，用烤架來將它烤得酥脆。就像南瓜版本的洋芋片一樣！會讓人覺得這該不會炸過了吧，可以享受到皮的口感。

材料 10根量

南瓜 … 100g

A｜鮮奶 … 1/2大匙
　｜白芝麻 … 1小匙
　｜鹽 … 1撮

餛飩皮 … 10張
番茄醬 … 適量

作法

1 南瓜切成約4cm大後削皮，用水洗過。帶著水分直接擺入耐熱盤，鋪上保鮮膜，放入微波爐約3分鐘。

2 用叉子把**1**的南瓜壓爛，加入**A**的材料攪拌。[a]

3 把**2**做成棒狀擺在餛飩皮上，在皮的邊緣沾水。由前往後捲。[b]

4 用烤魚架烤過，直到變成金黃色。依喜好搭配番茄醬。

....

Point

・除了餛飩皮之外，也可用餃子皮來代替。
・分配工作參考：家長負責把配料擺在餅皮上，讓小朋友完成把它一圈一圈「捲起來」的工作。
・除了可以用烤架之外，用平底鍋或烤箱等也OK。

咖哩風味納豆仙貝

使用餛飩皮的小菜風味點心！在納豆裡加入咖哩粉的話，納豆的氣味就會不可思議地緩和下來，變得比較容易入口。

「做成三角形」的工作，請試著出聲讓小朋友幫忙吧。

材料 6個量

A | 納豆 … 1盒（50g）
　| 咖哩粉 … 1/8小匙
　| 納豆附贈的醬料 … 1/2個量 ＊依喜好調整！

餛飩皮 … 6片
油 … 1大匙

作法

1 將**A**的材料放入容器裡拌勻。[a]

2 在餛飩皮的中間，擺上1茶匙量的**1**。

3 在皮的邊緣沾水，把周圍黏起來做成三角形。
[b]

4 將油倒入平底鍋加熱，並將它煎到變酥脆。

a

b

Point

・油容易亂噴，注意不要太熱。依個人喜好，不用油煎也沒問題。用烤魚架或烤箱也可以烤得非常酥脆。

・「納豆＋壓爛的馬鈴薯」或「納豆＋起司」等等，配料的變化十分自由。也很推薦當成晚餐的菜餚或配酒的小菜。

今天是兒童節。

聽說是男生的節日喔。

跟媽媽一起做了

「鯉魚旗起司蛋糕」唷。

像是攪拌啦、倒進模具裡啦……

或是一直等到它變硬啦……

雖然做蛋糕很開心，

但是也需要一點點耐心。

不過，還想再一起做一次呀。

等不及下一次的兒童節了──

享受假日吧！
特別點心

最適合生日或是萬聖節、聖誕節等等，有特別活動時的點心。不管是哪一道，只要改變食材或是裝飾方式，就會變成您家裡的「特別點心」！作為離乳食品或幼兒食品也大受好評的「豆漿玉米濃湯」，也非常受人囑目。

彩色高塔蛋糕

「開心蛋糕」（p.44）的紙杯模具版本，在食育講座中也非常有人氣。用水果或食用銀珠來裝飾奶油表面的話，小小的紀念日蛋糕就完成了！除了吐司之外，用鬆餅粉或海綿蛋糕的麵團也可以很漂亮地做出來唷。

材料 底部直徑5cm的紙杯4個量

A │ 優格鮮奶油※ … 150g（※作法／參照p.15）
　│ 蜂蜜 … 2小匙

吐司（6片切）… 3片
南瓜 … 200g
煉乳 … 1又1/2小匙
草莓果醬 … 適量
喜歡的水果（草莓、奇異果、鳳梨等）… 適量
食用銀珠 … 適量

作法

1 將**A**的材料放入盆子裡攪拌。

2 吐司切邊後，將白色的部分切成約1cm的塊狀。＊吐司邊較軟時可不必切除

3 南瓜切成約4cm大後削皮，用水清洗。帶著水分直接放入耐熱盤裡，鋪上保鮮膜，用微波爐加熱3～4分鐘讓它變軟。

4 將**3**的南瓜裝進盆子裡，用叉子壓爛。加入煉乳攪拌。

5 將**2**的吐司裝入紙杯底部，用湯匙擠壓、塞滿紙杯[a]，塗上薄薄的草莓果醬。

6 將**4**擺在**5**上，用湯匙一邊擠壓一邊將它弄平[b]。接著再次加入**2**的吐司並擠壓。

7 用竹籤（或是筷子）在紙杯與蛋糕之間繞一圈後[c]，在盤子上將它翻過來，把蛋糕從模具裡取出。[d]

8 將**1**塗抹於**7**的蛋糕表面，再用水果或食用銀珠作裝飾。

Point

・放入吐司並用湯匙擠壓時，如果壓得太過頭吐司會變得乾癟癟的，如此一來就沒辦法做成高塔狀了。訣竅是用適當的力道去擠壓！並且只要鋪上能填滿紙杯縫隙的量就OK。

・小朋友未滿1歲時，請不要在表面塗的優格鮮奶油裡加蜂蜜。用南瓜糊的甜味就能做得十分美味。

鯉魚旗起司蛋糕

使用牛奶盒模具製作的生起司蛋糕。只要把所有的材料混在一塊，再倒入模具裡冷卻、凝固即可！由於是以攪拌的工作為主，小朋友也能夠開心地參與。用喜歡的食材自由擺飾，請務必也試著在「兒童節」之外的節日做做看吧。

材料 牛奶盒模具1個量（作法／參照p.11）

餅乾（市售）⋯ 6片
蜂蜜⋯ 1大匙稍多一點
水⋯ 2大匙
吉利丁（粉）⋯ 5g
鮮奶油起司（恢復到常溫）⋯ 100g
甜菜糖⋯ 1大匙又1小匙

A | 原味優格（無糖）⋯ 80g
    | 檸檬汁⋯ 1小匙

鮮奶油（35%）⋯ 100ml ＊也可以用80ml的鮮奶代替
喜歡的水果（草莓、香蕉、橘子、鳳梨、奇異果等）⋯ 適量
藍莓果醬⋯ 適量

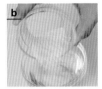

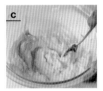

作法

1 將餅乾放入較厚的小塑膠袋裡，用手將它捏爛捏成小塊。加入蜂蜜，像搓揉一般讓蜂蜜滲透進去。將它鋪滿模具的底部。[a]

2 將水倒入容器裡，撒入吉利丁稍微攪拌後讓它泡脹。[b]

3 將鮮奶油起司放入盆子裡，用湯匙攪拌成滑潤的狀態。

4 分2次將甜菜糖加入3的鮮奶油起司裡並仔細攪拌。

5 將A的材料加入4的材料裡攪拌[c]。再加入鮮奶油攪拌。

6 將2的吉利丁放入微波爐約20秒讓它融化，加進5裡。用打蛋器迅速攪拌過。

7 將6倒入1的模具裡，並把表面弄平。

8 放入冷藏庫40分鐘以上將它冷卻、凝固，之後取下模具[d]。添加水果或果醬，畫出鯉魚旗的模樣和表情。

Point

• 依月齡或喜好不同，也可以不用鮮奶油而用「鮮奶」來製作。這種時候就不要馬上把步驟5的麵糊倒入模具裡，而是放入冷藏庫約15分鐘，讓它變得黏稠之後再倒入模具裡。

• 這次的鯉魚旗是用果醬裡的「藍莓果實」來添上眼睛。請務必用喜歡的素材，享受繪畫的樂趣吧！

水果潘趣酒

就算沒有挖成球狀的專用器具，只要有「小湯匙」，就可以挖出漂亮的球狀。漂亮的程度連我都感到驚訝！「接下來換媽媽囉」、「再來是我一」全家人就這樣來輪流享受製作的樂趣吧。

材料 4～5人份

哈密瓜 … 切1/2

西瓜 … 切1/8

香蕉 … 2根

鳳梨（切片／罐頭）… 2片

汽水（500ml）… 1瓶

作法

1 去除哈密瓜中間的籽後，用小湯匙將它挖成球狀。[a]

2 西瓜也和哈密瓜一樣挖成球狀，並去掉西瓜籽。

3 香蕉剝皮之後切圓片。鳳梨切成方便食用的大小。

4 將**1**、**2**、**3**的材料裝進容器裡，再倒入汽水。[b]

Point

・反覆進行幾次挖球的工作來漸漸掌握訣竅吧。

・請在開動前再加入汽水。就算是過了一些時間的情況下，也可以享受到沁涼感滲透進水果裡的不同滋味。

・如果選用檸檬風味的汽水，會做得更加好吃。

藍莓&優格冰淇淋

用矽利康製的製冰器做成的一口冰淇淋。即使是挖出來的工作也令人興奮不已！加入藍莓果醬的話會變成淡淡的紫色，會讓小朋友們「哇啊～！」地發出此起彼落的驚呼聲。清脆的口感也讓人非常愉快。

材料 直徑2.5cm半球狀　約35個量

A | 優格鮮奶油※…100g（※作法／參照p.15）
　　| 鮮奶…100ml
　　| 煉乳…1小匙

藍莓果醬…2大匙

作法

1 將**A**的材料放入盆子裡仔細拌勻。[a]

2 將藍莓果醬加入**1**裡攪拌。[b]

3 用湯匙把**2**倒入製冰器裡。[c]

4 放進冷凍庫讓它冷凍、凝固。

5 用手指按壓製冰器的背面，取出冰淇淋。[d]

像這樣一壓，
就會啵的一聲
擠出來唷！

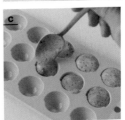

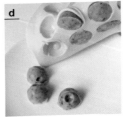

Point

· 從製冰器中取出冰淇淋的工作看起來雖然簡單，但對小朋友來說卻意外地困難。先由家長示範一次給小朋友看之後，再一起來掌握訣竅吧。

· 除了藍莓果醬之外，也請用用看個人喜歡的果醬，試著做出各種味道及顏色的冰淇淋吧。

萬聖節三明治

為了用於萬聖節，試著把白吐司切成了南瓜的形狀。在紙上自由畫出眼睛和嘴巴，再用剪刀剪下來做成「灑粉板」，也非常特別且能炒熱氣氛。以沾醬的感覺把南瓜鮮奶油拿來沾吐司也會很好吃唷。

材料 2個份

白吐司（三明治用）… 4片

南瓜 … 60g

A │ 原味優格（無糖）… 1又1/2大匙
　　│ 煉乳 … 1/2小匙
　　│ 蜂蜜 … 1/2小匙

黑糖（粉末／篩去團塊）… 適量

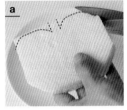

作法

1　白吐司用廚房剪刀剪成南瓜形狀。[a]

2　南瓜切成約3cm大後削皮，用水清洗。帶著水分直接放入耐熱容器裡，鋪上保鮮膜，放入微波爐約2分鐘。

3　將2的南瓜放入盆子裡用叉子壓爛。

4　將A的材料加進3的南瓜裡拌勻。[b]

5　將一半的4塗抹在1的表面上[c]，並用另一片吐司夾起來。

6　將眼睛和嘴巴的部分開了洞的紙擺在5的表面上，用濾茶網撒上黑糖。[d]

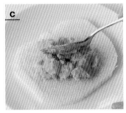

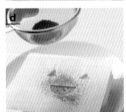

Point

・在最後撒黑糖的階段時，撒多一點會讓表情比較鮮明。

・小朋友未滿1歲時請不要加蜂蜜，只靠煉乳來調味。另外，也可用果醬來畫出眼睛和嘴巴，減少黑糖的用量。

・用剪刀剪吐司的工作，在親子一起商量後再決定由誰負責吧。和剪紙一樣，非常簡單就可以切開。

紀念日圓頂蛋糕

將p.47的磅蛋糕麵糊變成巨蛋形狀的紀念日用蛋糕。若是在優格鮮奶油裡加入草莓果醬,就會變成粉紅色的可愛鮮奶油。夾入喜歡的水果,做出漂亮的模樣吧。

材料 直徑16cm × 高7.5cm的耐熱盆1個量

A	
	鬆餅粉 … 200g
	雞蛋 … 1顆
	鮮奶 … 80ml
	油 … 1/2大匙
	蜂蜜 … 1/2大匙

B	
	優格鮮奶油※ … 125g
	(※作法/參照p.15)
	草莓果醬 … 1又1/2大匙
	蜂蜜 … 1小匙
	＊未滿1歲時要節制

草莓、香蕉、黃桃(罐頭)… 各適量

作法

1 將**A**的材料倒入盆子裡拌勻。

2 將一半的**1**倒入做造型用的盆子裡[a],鬆鬆地鋪上保鮮膜。用微波爐加熱1分鐘。

3 將剩下的**1**加進**2**中鋪上保鮮膜,用微波爐加熱3分半鐘。

4 放置約5分鐘後取下保鮮膜,用竹籤(或是筷子)在盆子與蛋糕周圍繞一圈。

5 將盆子翻面取出蛋糕[b]。去除餘熱之後,對半橫切。

6 將**B**的材料拌勻,製作草莓優格鮮奶油。

7 將**6**的鮮奶油薄薄地塗抹在**5**的下半部,再擺上切細碎的水果。[c]

8 將蛋糕的上半部擺放在**7**上[d]。在表面塗上**6**的鮮奶油,並用水果裝飾。

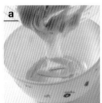

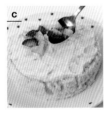

Point

・由於要將模具翻面時盆子還很燙,請隔著抹布來進行作業。
・從模具裡取出蛋糕前,先用竹籤(或是筷子)戳進蛋糕中央試試。如果沒有沾上黏稠的麵糊的話,就代表已經烤好了。如果黏住的話,就以10秒為單位再加熱。
・草莓對半縱切後,在蒂頭部分再切V字,就會變成心形。

豆漿玉米濃湯

番外篇。從小朋友到大人都非常受歡迎的湯品點心。用大鍋製作的話，就會不斷有人要求續碗！也能拿來當成離乳食品。製作中活用了蔬菜的水分和甜味，故只需再加少許的水即可，用豆漿來增添濃郁香氣。

材料 4人份

洋蔥… 80g（約1/2顆）
胡蘿蔔… 30g（約1/4根）
水… 150ml

A | 奶油玉米罐頭… 1小罐（180g）
　　 | 雞湯… 極少
　　　　　＊用粉末時，約為3杓挖耳棒的程度

B | 豆漿… 3大匙
　　 | 鮮奶… 1又1/2大匙

鹽… 適量
喜歡的水煮蔬菜（綠花椰菜、胡蘿蔔等等）… 適量

作法

1 洋蔥、胡蘿蔔磨成泥[a]。沒辦法磨到的邊緣部分則細切。

2 將水倒入鍋裡，加入**1**煮到熟透為止。

3 將**A**的材料倒入**2**中將它煮滾一會後，再加入**B**的材料稍微煮過。[b]

4 將鹽加進**3**裡調味。

5 裝進容器裡，配上煮過的蔬菜。

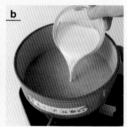

預一備，
開一動！

Point

· 藉由將洋蔥和胡蘿蔔磨成泥，來提高蔬菜的甜味，做出溫和的口感。
· 也可分成小份裝進塑膠袋裡冷凍起來。將它用於燉菜或是義大利麵醬上。
· 鹽的基準是用大人的2根手指抓「3撮」的程度。奶油玉米罐裡大多都含有鹽分，所以一邊試味道一邊進行調整吧。

草莓牛奶

在孩提時最喜歡草莓了。而在兒童館中，草莓也最受歡迎！手工製的「草莓牛奶」滋味。請務必多試做幾次，找出「屬於我家的滋味」吧。

材料 1人份

草莓（中）… 2顆
鮮奶 … 50ml
蜂蜜 … 1/2小匙

作法

1 去掉草莓的蒂頭，對半縱切。

2 將**1**的草莓放入杯子裡，用叉子壓爛。[a]

3 將鮮奶、蜂蜜加進**2**的草莓裡攪拌。

Point

· 依草莓的大小與甜度不同來調整鮮奶和蜂蜜的量吧。
· 用叉子壓爛時，採用材質不易打破的杯子吧。以草莓的硬度，就算是用湯匙也能夠輕鬆地壓爛。

沁涼清爽！西瓜汁

如果厭倦了西瓜用吃的，就試著把它壓成汁吧。只要加入汽水，清涼的原創飲料就完成了。

材料 1人份

西瓜 … 100g（3cm塊狀：約5個）
汽水 … 2大匙

作法

1 西瓜切過之後去籽。

2 將**1**的西瓜放入小塑膠袋中用手捏爛。[a]

3 裝進杯子裡並倒入氣汽水，再用湯匙攪拌。

Point

· 在西瓜切成1/4或1/8的情況下，可以享受手壓用湯匙挖出來的果肉的樂趣。
· 添加的汽水推薦用「檸檬風味」。

柳橙&優格

※ 照片左

最適合夏天！餘味暢快、清爽的一杯。不可思議地會變成類似乳酸飲料的味道。
「攪拌」的樂趣，也是手工飲料的醍醐味。

材料 1人份

A│原味優格（無糖）… 1大匙
　│鮮奶… 1大匙
　│蜂蜜… 1/2小匙

柳橙汁（100%果汁）… 3大匙

作法

1 將**A**的材料倒進杯子裡攪拌。

2 將柳橙汁加進**1**裡攪拌。[a]

Point

• 柳橙汁請選用100%果汁。
• 全家人的量可以用盆子製作得多一點後，再
　用杯子分成小份。

香蕉豆漿

※ 照片右

放入較大塊的香蕉，做成口感實在的一杯。除了鮮奶之外，
還加入2倍量的豆漿，為味道增添濃郁。請試著不要放入冰塊
來品味看看。

材料 1人份

香蕉… 1/3根（約30g）

A│豆漿… 2大匙
　│鮮奶… 1大匙
　│蜂蜜… 1/2小匙

作法

1 將切圓片的香蕉放入杯子裡，用叉子壓爛。

2 將**A**的材料加進**1**的香蕉裡攪拌。[a]

Point

• 不要把香蕉壓得太爛，稍微留有一點塊狀的程度，就會很有口感非
　常好喝。
• 根據香蕉的甜度來調整蜂蜜的量吧。

橘子茶　　※ 照片前方

在冬季時會想喝的溫熱飲品。可以完整攝取到橘子的維他命C，推薦用來預防感冒。對直接吃橘子感到厭倦時，請務必試試看！

材料 1人份

橘子（M）… 1顆
焙茶… 50ml
蜂蜜… 1/2小匙

作法

1 剝去橘子皮後分成小瓣。

2 將**1**的橘子放入較厚的小塑膠袋裡用手搓揉。[a]

3 將**2**裝進杯子裡，去除掉較硬的薄皮。

4 將焙茶倒進**3**裡，加入蜂蜜攪拌。

a

Point
・焙茶有暖和身體的效果，可以提高抵抗力。也可以用熱水來代替。
・蜂蜜也可以用砂糖（甜菜糖等）取代。
・根據橘子的甜度來調整蜂蜜的量。

蜂蜜蘿蔔　　※ 照片後方

從以前就被認為對感冒和喉嚨發炎等很好的「蜂蜜蘿蔔」。不須煮過，只要醃泡一下就好，非常的簡單。蘿蔔隨著時間經過漸漸變小的模樣也很令人愉快。

材料 6～7杯量

蘿蔔… 100g
蜂蜜… 3大匙
熱水… 適量

作法

1 蘿蔔削皮，切成約1cm的塊狀。

2 將**1**的蘿蔔與蜂蜜裝進容器裡攪拌[a]。放入冷藏庫醃泡一個晚上。

3 將2小匙的**2**裝進杯子裡，再倒入熱水。

a

Point
・讓整個蘿蔔都泡進蜂蜜裡非常重要。蘿蔔沒有浸泡完全時，就補足一些蜂蜜吧。
・浸泡一個晚上後將蘿蔔取出，保存期限是冷藏3天。因為沒有進行加熱處理，請盡早用完。

我家愛用的器具

「親子點心」即使沒有專業的調理器具，只要有湯匙與較深的容器，就可以做到「攪拌」的工作。在此
介紹「如果有就可以更容易製作」的便利愛用器具。

基本用具

「攪拌」、「擠壓」的用具，只要有湯匙和叉子就
OK！尺寸的基準：成人／咖哩湯匙（長度約17cm
左右），小朋友／蛋糕湯匙（長度約15cm左右）

碗盆（耐熱）

照片中的耐熱盆（直徑16cm × 深7.5cm），是拿
來當成「圓頂蛋糕」（p.82）的模具來使用。而我
10年以上愛用的則是「CORELLE」的多種碗盆。
比起一般玻璃製的碗盆還要輕薄，所以能減輕小朋
友的負擔，方便作業進行。

迷你抹刀（耐熱）

長久以來都愛用著長度15cm的耐熱抹刀（矽利康製
的刮刀）。由於比起一般的橡膠刮刀握柄較短，就
算是小小孩也很好拿。要漂亮的取下黏在盆子側面
的麵糊時也很方便。

有嘴量杯（耐熱）

如果是像照片中那種有嘴的量杯，就可以直接把液
狀的材料倒進模具之類的器皿裡，相當方便。並且
少有撒出來的疑慮，這點也是它的魅力所在。如果
具有耐熱性，就可以直接放進微波爐，提升作業效
率。

量匙（大匙、小匙）

量匙推薦用照片中那種不鏽鋼製，刻有「15」、
「5」、「2.5」等數字的種類。可以用視覺來記住1
大匙＝15ml、1小匙＝5ml，這也會成為製作點心的
事前準備的練習。

空容器

裝過慕斯和布丁的容器拿來當成讓果凍凝固時的
「模具」，或是裝盛點心時的「容器」都很方便。
由於透明杯在製作p.16的那種層狀的百匯時可以看
見內容物，會讓小朋友非常開心。

在100元商店中挖寶！

在親子烹飪或主打大人的料理教室中，曾有過聽到參加者介紹說「這個是在100元商店買的」而吃了一驚的情況。這邊要來介紹用起來很稱手，也最適合用於「親子點心」的6項商品。

濾茶網

直徑7cm、全長16cm的濾茶網。由於網眼很細，拿來用在「豆漿白芝麻布丁」（p.20）加入太白粉的時候。握柄相當堅固，用起來很方便的這點讓人非常滿意。

擠壓瓶（醬料瓶）

經常聽到人驚呼「咦，100元？」，令人訝異的其中一項器具。用番茄醬作畫時會相當方便。如果盯著小朋友進行作業的話，失敗率幾近於零。也不會外漏，非常容易使用。照片中的瓶子，是底部直徑6cm × 高15cm的類型。

彩色碟子、碗盆

彩色的餐具會為餐桌增添色彩，提高小朋友們的雀躍感。雖然不耐熱，但碟子（直徑17cm）3個只要100元、碗盆（直徑12.5cm × 深7cm）也是3個100元（皆不含稅）。

造型模具

1個圓形的模具（直徑6cm）加上4個較小一點的模具（寬度約2.5cm），共計5個的模具套組。先準備好一些不同種類模具的話，在突然「想做餅乾」時就會派上用場。想在料理中添加造型胡蘿蔔等等時也會非常方便。

製冰器

矽利康製的製冰器。由於背面有凹陷處，就算是小朋友也能輕鬆把製好的冰壓出來。在本書中則是用在p.78的「藍莓＆優格冰淇淋」。可以做出15個直徑2.5cm的半球形。

迷你打蛋器

全長20cm的迷你打蛋器。一般的打蛋器全長大概有30cm，以小朋友的力氣，光是拿好就十分吃力了，若是這種迷你種類的話，就可以輕鬆做到「攪拌」的工作。

聞起來是什麼味道？

*裝料、醃泡過了一個晚上的「蜂蜜蘿蔔」（p.90－91）。

是乾蘿蔔絲！

結語

各位覺得「親子點心」如何呢？

事前準備很簡單，製作很簡單，清洗也很簡單。
這三種條件，是「簡單享受」的重點。
都是一些當習慣了之後，僅憑目測就能製作的點心。由於材料中沒有用到奶油和
巧克力這類油脂較多的食材，清洗起來十分輕鬆。

此外，就算不多，但在這本「親子點心」裡蘊含了想要讓人吃到對身體溫和的點
心的想法。p.15介紹的「優格鮮奶油（去水優格）」，不只是小朋友，也非常受
到媽媽們的歡迎，在每年、各處都被要求介紹。

充滿食育的要素！

藉由親子一起製作，連結了慈愛之情的表達。觸碰素材、感受氣味、試試味
道……等，用五感來享受，讓心靈進而變得更豐富。試著把這些「食育」的要素
灌注到了各個點心裡。

隨著年齡增長，小朋友自己一個人也能做到的工作部分不斷增加。「嗯？越來越
會捏成一團呢～」，像這樣感覺到小朋友的成長，或許也是製作「親子點心」的
樂趣呢。

最後，打從心底對出力參與這本書的各位表示感謝。

料理家‧食育顧問
久保田惠美

PROFILE

久保田惠美（くぼたえみ）料理家・食育顧問

1978年誕生於群馬縣。在兒童館和育兒支援中心等場所，舉辦以食育為主題的「親子烹飪」。並且也在繪本、雜誌和廣告媒體等領域中，作為一名食品調理搭配師發揮本領。除此之外，在育兒繪本（ひかりのくに出版）中也撰寫食育專欄，以及著有《恰恰好！》暫譯（Child本社出版）繪本作品。參與新宿區的食育志工。是育有一子的母親。

TITLE

親子點心 幸福食光

STAFF

出版	瑞昇文化事業股份有限公司
作者	久保田惠美
譯者	張俊翰

總編輯	郭湘齡
文字編輯	徐承義　蔣詩綺　陳亭安
美術編輯	孫慧琪
排版	執筆者設計工作室
製版	印研科技有限公司
印刷	龍岡數位文化股份有限公司

法律顧問	經兆國際法律事務所　黃沛聲律師

戶名	瑞昇文化事業股份有限公司
劃撥帳號	19598343
地址	新北市中和區景平路464巷2弄1-4號
電話	(02)2945-3191
傳真	(02)2945-3190
網址	www.rising-books.com.tw
Mail	deepblue@rising-books.com.tw

初版日期	2018年7月
定價	250元

國家圖書館出版品預行編目資料

親子點心 幸福食光 / 久保田惠美作；張俊翰
譯. -- 初版. -- 新北市：瑞昇文化, 2018.08
96面；14.8 x 21公分
譯自：クッキングでわっくわく！親子おやつ
ISBN 978-986-401-258-9(平裝)

1.點心食譜

427.16　　　　　　　　　　　107010369